浪花朵朵

地理小侦探
多变的天气

〔英〕阿妮塔·盖恩瑞　克里斯·奥克雷德 著

〔智〕保·摩根 绘　电鱼豆豆 译

海峡出版发行集团 海峡书局

证明完毕

目录

阳光、雨和雪

让我们和艾娃、乔治一起去探寻奇妙天气世界的秘密吧！试着了解风是怎么吹的、为什么会有雷声和闪电、为什么会下雨和下雪。你也可以自主开展一些活动哦！

地理小侦探准备出发啦！

天气是由某一时间、某一地点的阳光、云、风、雨、雪和温度组成的。**温度**是指**空气**的冷热程度。

这里的天气真好呀！我想知道为什么天气这么好，我们一起看看是什么原因吧。

天气的变化总是很快，有可能前一刻还是阳光明媚，下一刻就阵雨来袭。

哎呀！这里的天气真糟糕，我们来调查一下究竟是什么原因吧！

地理真相

太阳系中的其他一些行星也有天气变化。比如木星上有巨大的风暴，它能持续数百年之久。

天气在哪里形成

地球周围有一层厚厚的气体，这层气体被称为**大气层**，大气层包含我们呼吸的空气以及风、云、雨和风暴。加入艾娃和乔治，和他们一起来探索大气层吧！

大气层有 5 层，最接近地球表面的底层被称为对流层，这就是天气形成的地方。

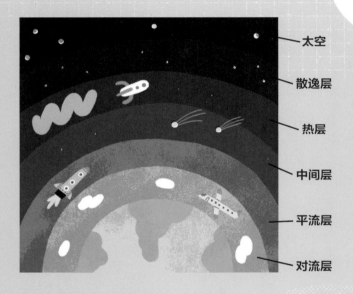

太空

散逸层

热层

中间层

平流层

对流层

在这座高山的山顶上，呼吸变得更困难了！这是因为我们爬得越高，我们在大气层中的位置就越高，空气也变得越来越稀薄，**氧气**就越来越少。

地理真相

地球的大气向上延伸了大约 500 千米，100 千米以上的空气非常稀薄，我们称这里为太空的起点。

你需要：
- 干净的小罐子
- 气球
- 吸管
- 胶带
- 白纸
- 笔
- 剪刀（请家里的大人一起帮忙）

制作气压计 实验

你可以自己制作简单的气压计来显示气压的变化。

1. 用剪刀把气球开口一边的颈部剪掉。

2. 将气球套在罐子的顶部，形成一个严丝合缝的"鼓面"。

3. 把吸管的一端斜切出一个尖头，将吸管的另一端用胶带粘在气球的中心。

4. 把罐子放在桌子上，在后面放一张纸。

5. 在吸管尖头旁边的纸上画一个标尺。

高压

低压

每隔几个小时观察一下吸管，如果尖头向上移动，说明气压上升了；如果向下移动，就说明气压下降了。

大气层中的空气在推动着一切，包括你。这种推力被称为**气压**。气压可以上升，也可以下降。如果气压在一个地方较高，而在另一个地方较低，就会开始刮**风**。

好奇怪呀，我们并不会感受到气压正在推我们的身体。

这是一个**气压计**，它可以测量气压的高低。如果压力下降，潮湿多风的天气就会来临。

7

天气形成的原因

所有的天气都是由于太阳的存在而形成的。太阳光使地球的某些部分比其他部分更温暖，形成的温差使大气层中的空气旋转起来，就产生了风。地理小侦探们正在寻找更多天气形成的原因。

你需要：
· 一个大玻璃碗
· 一个小玻璃瓶
· 冰格
· 红色和蓝色的食用色素

观察水流 实验

利用水流来研究冷暖空气如何上升和下降。

1. 在冰格中装满水，并在每个格子中加入几滴蓝色食用色素。

2. 小心翼翼地将冰格放入冰箱，等待它结冰。

3. 在碗里装上冷水。

4. 请家里的大人帮助你在小玻璃瓶里装上温水，再往瓶子里加入几滴红色的食用色素。

5. 将瓶子开口向上，小心地放在碗的底部。

6. 把几块蓝色冰块放入水中，然后观察会发生什么。

随着冰块的融化，冷水下沉，温水上升，这也是大气中冷暖空气会出现的情况。

地理真相

一些鸟类会利用上升的暖空气轻松地飞上高空。

是空气的运动产生了风。

1）太阳光把热量带给了地球。

3）当空气变暖时，它就会膨胀，从而占据更多的空间，这使得空气向上浮动，同时气压也会下降。

4）随着暖空气的上升，冷空气就会流进来取代暖空气。

哎呀！我的脚！这里的地面太烫了，阳光正在烘烤着地面。

2）光线到达地面，让它变得温暖，温暖的地面又加热了它上方的空气。

呼呼的风

风，是大气中的空气，从一个地方移动到另一个地方，从气压高的地方移动到气压低的地方。艾娃和乔治正在感受微风和暴风。

当烈风吹来时，树木会被吹弯，瓦片也会从屋顶掉下来。在海上，风会产生巨大的波浪。

蒲福风级	名称	图示
0	无风	
1	软风	
2	轻风	
3	微风	
4	和风	
5	清风	
6	强风	
7	疾风	
8	大风	
9	烈风	
10	狂风	
11	暴风	
12	飓风	

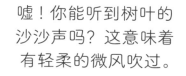

嘘！你能听到树叶的沙沙声吗？这意味着有轻柔的微风吹过。

蒲福风级表显示了风的强度，以及不同强度的风对树木、建筑和海洋的影响。

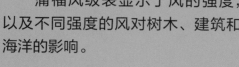

自制风速计 活动

接下来，我们将用纸杯来制作风速计。

1. 剪出 2 个长方形卡片，长为 20 厘米，宽为 4 厘米；

2. 将卡片摆成十字形，用胶带固定住交叉点；

3. 用订书机把 4 个纸杯钉在十字架每个交叉臂的末端，所有纸杯的开口都应该朝外；

4. 请家里的大人帮助你将铅笔穿过纸板十字架的中心；

5. 到户外去测试你的风速计，用一只手的手心轻轻盖住铅笔的尖头，用另一只手轻轻握住铅笔，使它直立并且可以旋转。

你需要：
· 一些硬卡片
· 四个纸杯
· 铅笔
· 胶带
· 订书机
· 剪刀（请家里的大人一起帮忙）

哇！这里的风太大了，我都没办法站直！一定是有大风吹过来了。

我们通过风速和风向来测量风，其中风速是用**风速计**测量的。

起风的时候，风就会吹进杯子的开口一端，使得风速计旋转。无论风向如何，它都能发挥作用。风越强，风速计就转得越快。

云

云在天气中扮演很重要的角色，它们会挡住阳光，也会带来雨、雨夹雪、雪和**冰雹**。从小朵的白云到巨大的深灰色云，云有不同的大小和形状。跟艾娃和乔治一起去看云吧，你能发现哪些类型的云呢？

还记得来自太阳的热量是如何使空气在大气中移动的吗？空气中总是含有以**气体**形式存在的水，它们被称为**水蒸气**。当空气上升时，水蒸气会冷却变成液体，形成云和雨。

卷积云

一般会伴随着晴朗却寒冷的天气，通常出现在冬天。

积雨云

会带来大雨、冰雹，还可能带来雷暴。

你需要：
· 观云指南
· 纸和笔

看云识天气 活动

尝试通过观察云彩来预测天气吧。

1. 到外面去，抬头看看天空。

2. 记录你看到的云以及此时的天气情况。

3. 将你的结果与这一页上的观云指南进行比较，天气与你看到的云是否相符呢？

我可以看到那片云在不断地长大！暖空气中的水蒸气正在上升，逐渐变成水滴。

卷云
通常伴随着好天气，但即将到来的也可能是下雨天。

所以云是由数以亿计的小水滴组成的！好酷哦！

高积云
如果早晨有些潮湿，可能意味着这天晚些时候会有雷暴。

积云
带来好天气。

层积云
带来干燥的天气。

层云
带来毛毛雨、大雨或者雪。

在这张从太空拍摄的照片中，我们可以看到空气在地球周围移动时形成的旋涡状云层。

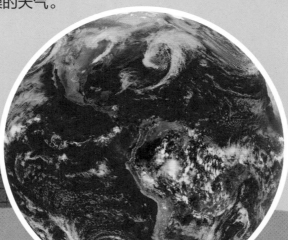

降水

云中的水和冰向下降落，它们会形成雨、雪或者冰雹降落到地面，这些都是**降水**的类型。让我们和地理小侦探一起探索水的世界吧！

空气总是在云里旋转着上下翻飞，这些气流使小水滴和冰晶乖乖待在云中，所以它们不会马上落到地上。

雨量计是一种用来测量降雨量的仪器，降雨量的单位是毫米。

哇！这里超级冷，所以云中的水变成了一颗颗小晶体。

冰雹是块状的冰。当雨滴在高而寒冷的云层中一次又一次地上升又下降后，就形成了冰雹。

制造彩虹 实验

挑个阳光明媚的日子，用水管做一道真正的彩虹吧。

你需要：
· 带喷头的水管
· 阳光

1. 背对太阳，站在一个阳光充足的地方；

2. 打开水管的喷嘴，调节喷头，让它喷出细密的水滴；

3. 向你面前的空气喷水，接下来就可以观察你自己的彩虹了。

来自太阳的光线会在水滴里反射，然后重新进入我们的眼睛，这时候彩虹就形成了。水滴会把阳光变成彩虹的颜色。

云中的水滴越长越大，很快，它们就会因为太重而没办法留在云中，于是这些水滴就会以雨的形式下落。

地理真相

绝大多数雨滴在生命之初是雪花。雪花在下落的时候融化就变成了雨。

15

打雷和闪电

一场雷雨带来了电闪雷鸣。**闪电**是巨大的电火花，而**雷声**是伴随闪电而来的声音。艾娃和乔治对这种恶劣的天气有了惊人的发现。

在雷雨云中，空气旋转得非常快，晕头转向的小冰晶颗粒互相撞击，产生了电荷。

当这些电荷在雷雨云中积累之后，这朵云和地面或另一朵雷雨云之间就会迸发出电火花。快躲起来！

我用气球在自己的头发上反复摩擦，让头发和气球都带上了电。其实在雷雨云中，小冰晶之间也发生了相同的事情。

🔍 地理真相

如果你听到了打雷的声音，赶快进屋！在暴风雨过去之前，千万不要去游泳或者触摸电器设备。如果暂时没办法进入室内，一定要远离树木和金属物品。

吓死我了！雷声非常响亮，这种声音是在闪电突然加热空气的时候发出来的。

高层建筑的顶部通常都会有一个金属尖尖，这是避雷针。它能吸引闪电产生的电流，把电流安全地传送到地面。

你需要：
· 塑料泡沫板
· 卡片
· 剪刀（请家里的大人一起帮忙）
· 胶带
· 铝制托盘

自制小闪电 实验

用金属托盘自制一个小闪电。

1. 剪下一条宽约2厘米、长约20厘米的卡片。

2. 用胶带将卡片固定在铝制托盘的内侧，把它做成一个把手。

3. 用塑料泡沫板快速摩擦你的头发，大约10秒钟之后，把它倒置在桌子上。

4. 拎起铝制托盘的把手，把托盘放到塑料泡沫板上。

5. 慢慢地用手指靠近铝制托盘。

⚠ **警告**

警告！这个实验可能会给你带来小小的电击。

如果仔细听，你会在接触托盘之前，听到一个微小的"咔哒"声。这个"咔哒"声就是一声轻微细小的雷声。这是一个小电火花从托盘跳到你的手指上时发出的声音。

旋转风暴

在世界的某些地方会发生风暴，风暴包括飓风和龙卷风等等。飓风是一个巨大的旋涡风暴，龙卷风是一个旋转的空气柱，二者都会带来非常猛烈的风，甚至可以击倒树木和房屋。飓风也被称为台风或者旋风，具体命名取决于它们发生的地点。让我们和地理小侦探一起了解这些强大的风暴吧。

飓风在热带海面上形成，强劲的风在飓风中间一圈一圈地吹，如果它们到达海岸，就会引发洪水。

龙卷风从一个被称为超级单体的强大雷暴中诞生。如果旋转的空气到达地面，它就会粉碎它所接触到的一切，并把所有东西都扔到空中。

哇！这场龙卷风的威力居然这么大，它把卡车和树木都卷起来丢在了空中！

地理真相

目前有记载的最强龙卷风发生在 1999 年美国的俄克拉荷马州，龙卷风内部的风速达到了每小时 486 千米。

在漩涡中 实验

科学家把龙卷风中旋转的空气称作旋涡，你也可以在瓶子里自制一个水漩涡。

你需要：
· 两升的瓶子
· 水
· 水槽

1. 在瓶子里装一半的水。

2. 把你的手放在瓶口，防止水流出来。

3. 转移到水槽上方进行操作，把瓶子倒过来。

4. 快速移动瓶子，使它小幅度转圈圈，让水旋转起来。

5. 当水开始旋转时，把你的手拿开，让水向下流淌出来。

瓶子里的水应该是以旋转漩涡的形式倒出来的，漩涡中心有一个洞，空气就是从那里进入瓶子的。同理，在真正的龙卷风中，空气起到了和这里的水一样的作用。

你知道**天气预报员**给每个飓风都起了名字吗？甚至还有一个飓风叫"艾娃"！

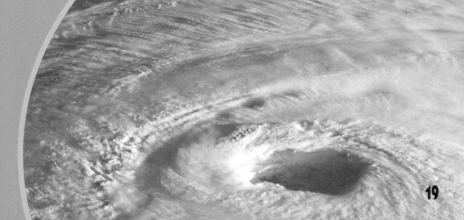

这是一个从太空中拍到的飓风，它有数百千米宽，中间那一块没有云的区域，叫作飓风眼。

记录天气

研究天气的科学家被称为气象学家，他们每天都要测量很多关于天气的数据，包括风的强度、降雨量和温度。地理小侦探们正在尝试做气象学家，我们也一起加入他们吧！

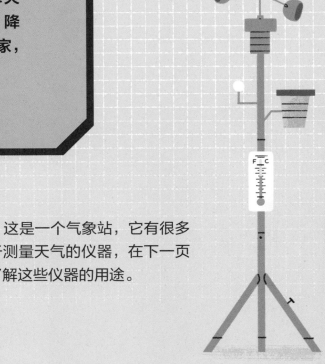

你需要：
- 白色卡片
- 胶水
- 彩笔
- 剪刀（请家里的大人一起帮忙）

这是一个气象站，它有很多用于测量天气的仪器，在下一页中了解这些仪器的用途。

绘制天气图 活动

尝试着做一次**天气预报**吧！

1. 在卡片上画一些代表天气的符号，大约 5 厘米宽，记得画出太阳、云、雨、雪和闪电的符号。

2. 用彩笔给天气符号上色，每种符号都多做几个，再在它们的背面涂上胶水。

3. 在另一张卡片上，画出你所在地区的简单地图。

4. 用你的地图给家人朋友做一次天气预报，告诉他们接下来可能会出现什么天气。

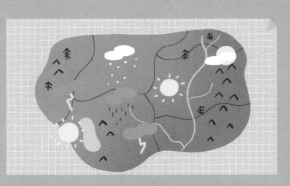

温度计用来测量温度。

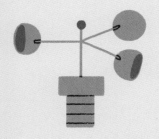

风速计可以测量风的速度。

雨量计可以测量降雨量的多少。

瞧这些测量天气的仪器！我正在记录今天的天气测量结果。

我出去钓鱼啦！对水手来说，天气预报十分重要，他们需要依靠天气预报来避开海上的风暴或者浓雾。

天气预报员会观察天气情况，尝试计算出明天、后天或下周的天气情况，然后向人们发出天气预报。

气象**卫星**可以从太空拍摄地球的照片，告诉天气预报员云层或风暴的位置。

地理真相

一些世界上功能强大的计算机被用来计算天气预报，它们每秒钟要进行数千万亿次的计算。

天气纪录打破者

有时候，天气会变得很极端，比如刮很大的风、空气异常潮湿、非常冷、非常热或者出现狂风暴雨。艾娃和乔治正在研究一些天气方面的世界纪录——最强的风、最大的雨、最高的温度和最猛烈的风暴！

美国加利福尼亚州的死亡谷，一直以来都是全球温度最高的地方。2020 年，死亡谷的温度达到了惊人的 54.4 摄氏度。

我不知道天气还可以变得这么冷！ 1983 年，在南极洲中部附近，温度下降到了零下 89.2 摄氏度。

地理真相

冰雹重量的世界纪录超过了 1 千克！它在 1986 年落在了孟加拉国。

自制冰雹 活动

你需要：
- 气球
- 水
- 漏斗

制作一个巨大的冰雹，让它与迄今发现的最重的冰雹一样大。我们需要大约一天的时间来制作它。

1. 将漏斗的一端插入气球的颈部。

2. 紧紧抓住气球的颈部，请家里的大人帮助你把水倒入漏斗里，将气球撑大到约 12 厘米宽的样子。

3. 把漏斗拿出来，在气球的颈部打一个结。

4. 把气球放在冰箱的冷冻室，大约需要一天的时间，这些水才会冻成固体。

5. 最后，当水完全被冻住后，把气球的颈部切下来，把它从冰上剥下来。现在你就有了一个巨大的冰雹！

有史以来最强风的风速是每小时 408 千米，这阵风在 1996 年飓风期间袭击了澳大利亚的巴罗岛。

1966 年 1 月，印度洋上的留尼汪岛，短短两天内就降下了 1.8 米深的雨水。

委内瑞拉的马拉开波湖，每年受到的雷击比世界上任何其他地方都多。

23

季节

在地球上的绝大多数地方，天气全年都在不断变化。很多地方都有四个季节，这四个季节分别是春、夏、秋、冬。和地理小侦探一起穿越四季吧！

到了夏天，白天又会开始逐渐变短。但夏天是一年中最热的时候。

春天万物复苏，天气开始变暖和。日照时间渐渐变长，夜晚变得越来越短。

从秋天到冬天，白天慢慢变短，夜晚渐渐变长。

看看这些已经开始生长的植物。由于阳光充足，它们在春天总是会长得很快。

看看这些美丽的颜色！在秋天，许多树木都会脱去叶子，这可以保护它们在严冬风暴中不被冻坏。

这是在北半球的冬季从太空中看到的地球，这时候北极一天 24 小时都处于黑暗之中。

你需要：
· 手电筒
· 苹果
· 竹签

观察四季更替 实验

用一个苹果和一个手电筒来看看四季是如何变换的。

1. 请一位家里的大人将一根竹签穿过苹果的中心，竹签代表地轴，苹果就是地轴上的一个地球模型。

2. 在一个黑暗的房间里，把手电筒打开，并且放在桌子上。

3. 拿着苹果，站在离手电筒大约 2 米的地方。将竹签倾斜，使"地球"的顶部稍稍指向"太阳"。

4. 慢慢转动竹签，使"地球"在"地轴"上旋转。你能发现"阳光"从未到达南极吗？所以现在是南半球的冬天。

5. 现在将竹签向相反的方向倾斜，这是 6 个月之后地球和太阳之间的相对位置。

6. 再让"地球"在竹签上慢慢旋转。这个时候，阳光永远不会到达北极，所以现在是北半球的冬天。

气候

天气每天都在变化，但在很长的一段时间内，天气是有规律可循的，它有一个固定的模式，这个模式被称为气候。请跟着艾娃和乔治一起来探索地球上的不同气候吧。

这里太干燥了！在大多数沙漠中，气候既炎热又干燥，而且几乎不会下雨。

沙漠

极地也太冷了吧！极地气候意味着这里一直都非常寒冷，即使在夏天也不例外。

极地

动植物能够适应不同的气候。比如沙漠中的耳廓狐长了一双大耳朵来让自己保持凉爽。

地理真相

地球的大气层正在逐渐变暖，这种变化被称为**全球变暖**，地球的气候也在缓慢变化着。科学家们一致认为，这些变化是由人类造成的。

你需要：

· 一张印在 A4 纸上的世界地图
· A3 纸
· 不同气候区的图片（比如极地、热带、沙漠、草原、山区、温带）
· 笔
· 胶水
· 剪刀（请家里的大人一起帮忙）

气候区 活动

制作一张世界气候图。

1. 将世界地图贴在 A3 纸的中央。

2. 把不同气候区的图片剪下来，贴在地图周围。

3. 分别将这些气候区的图片与地图连线。例如，极地气候图要和北极与南极相连。

热带地区

在温带地区，夏天温暖、冬天凉爽，天气从来都不会非常冷或非常热。

温带地区

地球可以被划分为不同的气候区，在每一个气候区内，气候都是相近的。地球上有很多不同的气候区。在热带气候区，全年都炎热多雨。

地理小侦探测试

现在来帮艾娃和乔治回答这些地理小侦探问题吧。在探索天气的过程中，你学到了什么呢？

1. 包裹着地球的那一层厚厚的空气叫什么呢？

2. 你能说出在大气层中我们需要呼吸的气体叫什么名字吗？

3. 气压计是用来测量什么的？

4. 地球的大气有多厚？

5. 天气发生在大气层的哪一层？

6. 蒲福风级中用于表示飓风的数字是多少？

7. 什么仪器可以用来测量风速？

8. 云是由什么组成的？

9. 很高的一束束的云叫什么名字？

10. 是什么导致了雷声的出现？

11. 世界上最热的地方是哪里？

12. 哪个星球有持续数百年的巨大风暴？

1. 大气层。2. 氧气。3. 气压。4. 约500千米。5. 对流层。6. 12。7. 风速计。8. 水滴或冰晶。9. 积云。10. 接闪电加热的空气。11. 美国加利福尼亚州的死亡谷。12. 木星。

答案

词汇表

冰雹　从云中落下的冰块。

大气层　围绕地球的一层气体。

风　空气从一个地方到另一个地方的运动。

风速计　用于测量风速的仪器。

空气　构成地球大气层的气体，主要由氮气和氧气组成。

雷声　闪电加热空气时发出的隆隆声。

降水　从天上掉下来的任何形式的水，包括雨、冰雹和雪。

气体　一种物质的形式，空气就是一个例子，它会膨胀并且填充其所在的容器。

气压　空气对它所接触的一切事物产生的压力。

气压计　测量气压的仪器。

全球变暖　由人类活动引起的地球大气层逐渐变暖的现象。

闪电　在雷云和地面之间、或者在不同雷云之间移动的巨大电火花。

水蒸气　气体形式的水，一般存在于空气中。

天气预报　关于未来几小时、几天和几周的天气情况的信息。

天气预报员　利用已有信息和知识来进行天气预报的科学家。

温度　衡量事物的冷热程度。

卫星　围绕地球轨道运行的航天器。

温度计　测量温度的仪器。

氧气　构成地球大气层中的空气的气体之一。

雨量计　测量降雨量的仪器。

作者的话

小朋友，你好！

希望你喜欢与"地理小侦探"一起的探索旅程！也希望你学到了很多关于天气的知识。你有没有尝试所有的实验和活动呢？

我们已经写了很多关于不同主题的书，从怪物卡车到太阳系，但我们居住的地球始终是我们最喜欢的主题。因为我们都喜欢在户外活动，比如爬山、划皮划艇和帆船，所以我们对天气非常感兴趣，尤其是风！风向会是怎样呢？风会太大或者太小以至于影响划船吗？

我们只要去户外活动，就一定会抬头看看天空中云的种类，这些云会告诉我们接下来的天气将会如何。我们已经去过了热带雨林、沙漠和极地，在这些地方能感受到截然不同的天气。

我们虽然很喜欢各种天气，但唯独不喜欢电闪雷鸣的天气。如果在雷雨天气，你会发现我们躲在楼梯底下！

阿妮塔·盖恩瑞和克里斯·奥克雷德

致教师和家长

通过更多活动和讨论，你可以在课堂上或家里进一步学习。

孩子们能查出他们居住地区的气候吗？这种气候通常偏冷还是偏暖、偏干还是偏湿？

全球变暖或气候变化是目前地球面临的最大威胁之一。让孩子们猜猜如果气温上升1摄氏度，地球可能会发生什么？如果是2摄氏度呢？和孩子们一起研究并找出答案。

人类可以做些什么来挽回气候变化造成的损害？可以讨论废物回收利用，少用塑料，记得关灯，不浪费水，骑自行车或步行来代替开汽车等。

全世界最冷和最热的地方都是沙漠，孩子们能不能找出地球上最冷的沙漠？那里有多冷呢？

飓风和龙卷风可能非常危险，一些国家经历了大量的飓风，为了减少这些风暴带来的损害，人们都做了什么？

大量的降雨或融化的雪可能会导致山洪暴发，孩子们能找出发生在居住地附近的一些较大的洪水吗？

当云层在山上移动时，它们会发生变化。研究它们会怎样变化，为什么会这样变化，这对于生活在山区的人们有什么影响？

下次打雷和闪电的时候，和孩子们一起数"一头大象，两头大象 ……"＊来记录看到闪电和听到雷声之间的时间，尝试着算出风暴和自己之间的距离。

＊ 在英语口语中，读"一头大象"（"one elephant"）的时间基本是1秒。——译者注

著作权合同登记号 图字：13 – 2023– 075 号

图书在版编目（C I P）数据

地理小侦探 /（英）阿妮塔·盖恩瑞
(Anita Ganeri)，（英）克里斯·奥克雷德
(Chris Oxlade) 著；（智）保·摩根 (Pau Morgan) 绘；
电鱼豆豆译 . -- 福州：海峡书局，2023.10
　　书名原文：Geo Detectives: The Water Cycle,
Volcanos and Earthquakes, Amazing Habitats, Wild
Weather
　　ISBN 978-7-5567-1147-5

　　Ⅰ . ①地… Ⅱ . ①阿… ②克… ③保… ④电… Ⅲ .
①自然地理—儿童读物 Ⅳ . ① P9-49

中国国家版本馆 CIP 数据核字 (2023) 第 171545 号

GEO DETECTIVES
WILD WEATHER

Authors: Anita Ganeri and Chris Oxlade
Illustrator: Pau Morgan

Simplified Chinese translation edition published by Ginkgo (Beijing) Book Co., Ltd.
本书中文简体版权归属于银杏树下（北京）图书有限责任公司。

地理小侦探：多变的天气
DILI XIAO ZHENTAN: DUOBIAN DE TIANQI

作　　者	［英］阿妮塔·盖恩瑞　　［英］克里斯·奥克雷德	译　　者	电鱼豆豆
绘　　者	［智］保·摩根		
出版人	林　彬	出版统筹	吴兴元
编辑统筹	冉华蓉	责任编辑	廖飞琴　魏　芳
特约编辑	朱晓婷	装帧制造	墨白空间·唐志永
营销推广	ONEBOOK		

出版发行	海峡书局	社　　址	福州市白马中路 15 号
邮　　编	350004		海峡出版发行集团 2 楼
印　　刷	北京利丰雅高长城印刷有限公司	开　　本	889 mm × 1120 mm　1/16
印　　张	8	字　　数	160 千字
版　　次	2023 年 10 月第 1 版	印　　次	2023 年 10 月第 1 次印刷
书　　号	ISBN 978-7-5567-1147-5	定　　价	108.00 元（全四册）

官方微博　@ 浪花朵朵童书
读者服务　reader@hinabook.com 188-1142-1266
投稿服务　onebook@hinabook.com 133-6631-2326
直销服务　buy@hinabook.com 133-6657-3072